英国数学真简单团队/编著　华云鹏　王庆庆/译

DK儿童数学分级阅读 第五辑

进阶挑战

数学真简单！

电子工业出版社·
Publishing House of Electronics Industry
北京·BEIJING

Original Title: Maths—No Problem! Extra Challenges, Ages 9–10 (Key Stage 2)
Copyright © Maths—No Problem!, 2022
A Penguin Random House Company

版权贸易合同登记号　图字：01-2024-1979

图书在版编目（CIP）数据

DK儿童数学分级阅读. 第五辑. 进阶挑战 / 英国数学真简单团队编著；华云鹏，王庆庆译. --北京：电子工业出版社，2024.5
ISBN 978-7-121-47697-6

Ⅰ.①D…　Ⅱ.①英…　②华…　③王…　Ⅲ.①数学—儿童读物　Ⅳ.①O1-49

中国国家版本馆CIP数据核字（2024）第074949号

出版社感谢以下作者和顾问：Andy Psarianos, Judy Hornigold, Adam Gifford和Anne Hermanson博士。
已获Colophon Foundry的许可使用Castledown字体。

责任编辑：苏　琪
印　　　刷：鸿博昊天科技有限公司
装　　　订：鸿博昊天科技有限公司
出版发行：电子工业出版社
　　　　　北京市海淀区万寿路173信箱　　邮编：100036
开　　本：889×1194　1/16　印张：18　　字数：303千字
版　　次：2024年5月第1版
印　　次：2024年11月第2次印刷
定　　价：128.00元（全6册）

www.dk.com

目 录

鲁比   艾略特   阿米拉   查尔斯   露露   萨姆   奥克   霍莉   拉维   艾玛   雅各布   汉娜

1000000 以内的数

准 备

雅各布在用数字卡片组数字。

这是他最后组成的数。

2 1 6 9 3 4

然后他想把几张卡片的位置调换一下，于是他把三张卡片互相调换了位置。

他调换卡片能得到的最大数是多少？

他调换卡片能得到的最小数是多少？

举 例

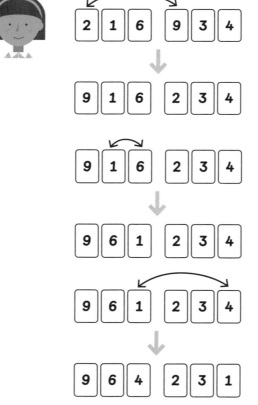

要组成最大的数，我们要使十万位，万位和千位上的数字足够大。

最大的数字是9。

第 二 大 的 数字是6。

最后调换的数字是4。

964 231是雅各布调换卡片能组成的最大数。

| 2 | 1 | 6 | 9 | 3 | 4 |

挑战 1

| 1 | 2 | 6 | 9 | 3 | 4 |

挑战 2

| 1 | 2 | 3 | 9 | 6 | 4 |

挑战 3

| 1 | 2 | 3 | 4 | 6 | 9 |

要组成最小的数，我们需要把1放在十万位。

123 469是雅各布调换卡片能组成的最小数。

练习

1 将下列数中数字的位置重新排列，使它们变成最接近500 000的数。

(1) 328 045 ➡ _____

(2) 429 375 ➡ _____

(3) 743 021 ➡ _____

(4) 521 997 ➡ _____

2 排列以下数字，使组成的数与所给数最接近。

| 7 | 2 | 3 | 5 | 2 | 3 |

(1) 200 000 ➡ _____

(2) 350 000 ➡ _____

(3) 490 000 ➡ _____

加法和减法

准 备

艾玛和她的家人在印度尼西亚度假。艾玛有1000000印度尼西亚卢比（简称卢比）可以用，约合400元。

375 659卢比

240 999卢比

买完这两个商品后她还剩多少卢比？

举 例

先算出这两个商品的总价格。

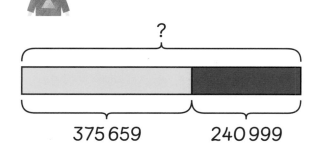

$$\begin{array}{r} {}^13\ 7\ {}^15\ {}^16\ {}^15\ 9 \\ +\ 2\ 4\ 0\ \ 9\ 9\ 9 \\ \hline 6\ 1\ 6\ \ 6\ 5\ 8 \end{array}$$

375 659 + 240 999 = 616 658

这两个商品的总价格是616 658卢比。

从艾玛的钱里减去这两个商品的总价格。

1

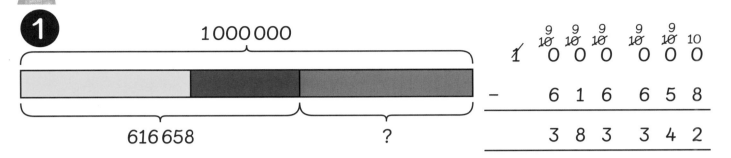

1000000 − 616658 = 383342

买完这两个东西后，艾玛还剩383 342卢比。

练 习

艾玛的爸爸买了以下两个商品。
如果她爸爸一开始有1 000 000卢比，那么买完这两个商品后，他还剩多少卢比？

482 199卢比

337 805卢比

艾玛的爸爸还剩下 ⬚ 卢比。

因数和倍数

准 备

一群小学生参加3个户外项目：皮划艇、攀岩和射箭。他们可以4人为一队参加皮划艇，可以8人为一队参加攀岩，也可以14人为一队参加射箭。每个活动都不止一队参加。

试问参加这些户外活动的小学生至少有多少人？

举 例

能被4和8整除的最小数是多少？

$8 \div 4 = 2$ $8 \div 8 = 1$
8是4和8的最小公倍数。

我们知道每个活动都不止一队参加，所以参加攀岩的小学生肯定不止8人。

找4和8的倍数。

4的倍数： 4, 8, 12, 16, 20, 24, 28, 32, 36, 40, 44, 48, 52, 56
8的倍数： 8, 16, 24, 32, 40, 48, 56

可能有16个小学生。4队小学生参加了皮划艇活动。
2队小学生参加了攀岩活动。

16是14的倍数吗？

找出14的倍数。

14的倍数： 14, 28, 42, 56, 70

56是4，8和16共同的倍数中最小的数。

我们可以说56是4，8，16 的最小公倍数。

参加这些户外活动的小学生至少56人。

我们也可以说4，8，14 是56的公因数。

56的因数: 1, 2, 4, 7, 8, 14, 28, 56

练 习

 1 一个面包师制作了一些甜甜圈。他能把甜甜圈每6个装一盒，也可以每8个或18个装一盒，且都不会有剩余的甜甜圈。

(1) 面包师至少做了多少甜甜圈？

(2) 根据面包师至少做出的甜甜圈数量思考，他还可以每几个甜甜圈装一盒且不会有剩余？

质数

准备

奥克看着她的数学作业注意到一个现象。

$10 = 1 \times 10$ $11 = 1 \times 11$ $12 = 1 \times 12$ $13 = 1 \times 13$
$10 = 2 \times 5$ $12 = 2 \times 6$
                                               $12 = 3 \times 4$

你觉得她注意到了什么？

举例

奥克列出的所有偶数都不止2个因数。

所有的偶数都不止2个因数吗？

$2 = 1 \times 2$

2是唯一既是偶数又是质数的数。

所有大于2的2的倍数都至少有三个因数。请看下面这些例子。

$20 = 1 \times 20$ $56 = 1 \times 56$ $102 = 1 \times 102$
$20 = 2 \times 10$ $56 = 2 \times 28$ $102 = 2 \times 51$
$20 = 4 \times 5$ $56 = 4 \times 14$ $102 = 3 \times 34$
                            $56 = 7 \times 8$ $102 = 6 \times 17$

因数个数大于2的数叫作合数。

21 = 1 × 21　　　35 = 1 × 35　　　99 = 1 × 99
21 = 3 × 7　　　 35 = 5 × 7　　　　99 = 3 × 33
　　　　　　　　　　　　　　　　　 99 = 9 × 11

21、35和99都是合数。

质数只有两个因数，
就是1和它本身。

1既不是质数也不是合数，
因为它只有一个因数。

练 习

1 把下列数填写到合适的表格里。

32　14　63　29　43　15　148　117　101　105　144

合数	质数

2 列出70到100之间的所有合数。

三位数乘法

准 备

新鲜超市进了一批茶包，共346盒，每盒装有24袋茶包。

阳光超市也进了一批茶包，共692盒，每盒装有12袋茶包。

汉娜说得对吗？

我觉得两个超市进了一样多的茶包。

举 例

先把692乘以12。

```
      12
     /  \
   10    2
```

$692 × 10 = 6920$
$692 × 2 = 1384$
$692 × 12 = 8304$

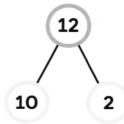

$700 + 700 = 1400$
$1400 - 16 = 1384$

$$
\begin{array}{r}
^16\ 9\ 2 \\
× \quad\ 1\ 2 \\
\hline
1\ 3\ 8\ 4 \\
6\ 9\ 2\ 0 \\
\hline
8\ 3\ 0\ 4
\end{array}
$$

→ $692 × 2 = 1384$
→ $692 × 10 = 6920$
→ $692 × 12 = 8304$

把346乘以24。

$$
\begin{array}{r}
^13\ ^1_2 4\ 6 \\
× \quad\ 2\ 4 \\
\hline
1\ 3\ 8\ 4 \\
6\ 9\ 2\ 0 \\
\hline
8\ 3\ 0\ 4
\end{array}
$$

→ $346 × 4 = 1384$
→ $346 × 20 = 6920$
→ $346 × 24 = 8304$

692是346的两倍。
12是24的一半。

692×12与346×24的结果是一样的。

汉娜说得对。
两个超市进了同样多的茶包。

练习

① 关于235×28的结果和470×14的结果，你注意到什么了呢？

```
        2   3   5                    4   7   0
  ×         2   8              ×         1   4
  ┌───┬───┬───┬───┐           ┌───┬───┬───┬───┐
  │   │   │   │   │           │   │   │   │   │
  └───┴───┴───┴───┘           └───┴───┴───┴───┘
  ┌───┬───┬───┬───┐           ┌───┬───┬───┬───┐
+ │   │   │   │   │         + │   │   │   │   │
  └───┴───┴───┴───┘           └───┴───┴───┴───┘
  ┌───┬───┬───┬───┐           ┌───┬───┬───┬───┐
  │   │   │   │   │           │   │   │   │   │
  └───┴───┴───┴───┘           └───┴───┴───┴───┘
```

┌──┐
│   │
└──┘

② 把计算结果相等的算式连线。

139 × 24	● ●	132 × 36
456 × 30	● ●	278 × 12
264 × 18	● ●	742 × 14
371 × 28	● ●	912 × 15
214 × 14	● ●	76 × 16
152 × 8	● ●	428 × 7

四位数除法

准 备

一辆卡车一周内在布莱顿和爱丁堡之间往返了4次。

该卡车往返4次总共行驶了6 048千米。

试问布莱顿和爱丁堡的距离是多少？

举 例

往返4趟的距离等于8趟单程距离。

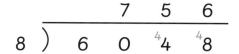把6 048除以8，用长除法或者短除法。

```
        7  5  6
8 )  6  0  4  8
  -  5  6
        4  4  8
  -     4  0
           4  8
  -        4  8
              0
```

```
        7  5  6
8 )  6  0  ⁴4  ⁴8
```

6 048 ÷ 8 = 756

布莱顿和爱丁堡相距756千米。

1 一辆公交在普利茅斯和纽卡斯尔之间往返了3次，总共行驶了4 122千米。
试问普利茅斯和纽卡斯尔之间的距离是多少？

普利茅斯和纽卡斯尔之间的距离是 [ ] 千米。

2 伦敦和孟买之间的距离是巴黎和热那亚之间距离的8倍。伦敦和孟买相距
7 184千米。
试问巴黎和热那亚之间的距离是多少？

巴黎和热那亚之间相距 [ ] 千米。

分数加减法

准 备

霍莉用 $\frac{1}{20}$ 升巧克力与 $\frac{7}{10}$ 升牛奶混合，做了一杯巧克力牛奶。但她在走向桌子的时候被绊了一下，不小心洒了 $\frac{1}{4}$ 升巧克力牛奶。这时她的杯子里还剩多少巧克力牛奶？

举 例

把分母变成一样，以便分子相加。

我们无法把二十分之一变成十分之几。

$$\frac{7}{10} \overset{\times 2}{\underset{\times 2}{=}} \frac{14}{20}$$

但我们能把十分之几变成二十分之几。

$$\frac{1}{20} + \frac{7}{10} = \frac{1}{20} + \frac{14}{20}$$
$$= \frac{15}{20}$$

在洒掉之前，霍莉的杯子里还有 $\frac{15}{20}$ 升巧克力牛奶。

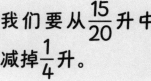
我们要从 $\frac{15}{20}$ 升中减掉 $\frac{1}{4}$ 升。

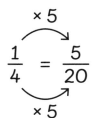
$$\frac{1}{4} = \frac{5}{20}$$
×5
×5

要分母相同才能相减。

$$\frac{15}{20} - \frac{1}{4} = \frac{15}{20} - \frac{5}{20} = \frac{10}{20}$$

霍莉的杯子里还剩下 $\frac{10}{20}$ 升或者 $\frac{1}{2}$ 升巧克力牛奶。

练 习

1 拉维把 $\frac{1}{2}$ 升的黄色颜色和 $\frac{1}{8}$ 升的蓝色颜料混合来制作淡绿色的颜料。现在他用了 $\frac{1}{4}$ 升淡绿色颜料。请问他还剩下多少淡绿色颜料？

拉维还剩下 □ —— 升淡绿色颜料。

2 鲁比用 $\frac{3}{4}$ 升橙汁和 $\frac{1}{12}$ 升柠檬汁制作了一杯混合饮料。她给了姐姐 $\frac{1}{3}$ 升，剩下的自己留着。那么她留下了多少混合饮料呢？

鲁比留下了 □ 升混合饮料。

分数乘法

准 备

汉娜把3种不同口味的寿司卷都平分成6小块。她拿了3种口味的寿司各1小块。总共还剩下多少寿司卷？

举 例

每种口味的寿司卷都还剩下六分之五。

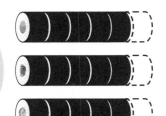

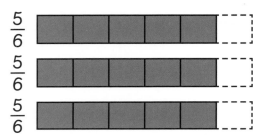

$\dfrac{5}{6}$
$\dfrac{5}{6}$
$\dfrac{5}{6}$

分母是6，能表明每块的大小。分子能表明我们有几块。

$3 \times \dfrac{5}{6} = \dfrac{15}{6}$

我们有3个5块。

$\dfrac{15}{6} = 2\dfrac{3}{6}$

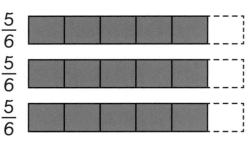

总共还剩下$2\dfrac{3}{6}$个寿司卷。

1 奥克有3条巧克力棒。每条巧克力棒大小相等，且平分成了8小块。如果奥克把3条巧克力棒各掰下1小块，那么总共还剩下几条巧克力棒？

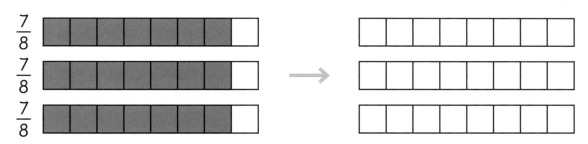

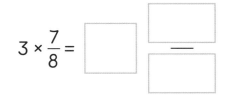

$3 \times \dfrac{7}{8} = $ □ $\dfrac{□}{□}$

奥克还剩下 □ $\dfrac{□}{□}$ 条巧克力棒。

2 查尔斯用 $\dfrac{7}{10}$ 升水、$\dfrac{7}{10}$ 升蔬菜汤、$\dfrac{7}{10}$ 升鸡汤和 $\dfrac{7}{10}$ 升椰汁做了一碗汤。查尔斯做的汤总共有多少升？

查尔斯做的汤总共有 □ $\dfrac{□}{□}$ 升。

带分数乘法

准备

一只兔子的重量是2千克。

一只小狗的重量是兔子的 $3\frac{3}{4}$ 倍。兔子的重量是多少？

2千克

举例

我们可以同时乘带分数中的整数和分数。

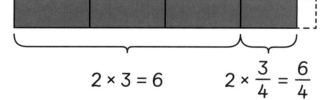

$2 \times 3 = 6$ $2 \times \frac{3}{4} = \frac{6}{4}$

$2 \times 3 = 6$

$2 \times \frac{3}{4} = \frac{6}{4}$

$2 \times 3\frac{3}{4} = 6\frac{6}{4}$

$\qquad\qquad = 7\frac{2}{4}$

$\frac{6}{4} = 1\frac{2}{4}$

我知道 $\frac{2}{4}$ 等于 $\frac{1}{2}$。

小狗的重量是 $7\frac{1}{2}$ 千克。

1 某餐馆准备了芝士蛋糕或巧克力蛋糕作为餐后甜点。这个餐馆准备了2个巧克力蛋糕，准备的芝士蛋糕是巧克力蛋糕的 $2\frac{4}{5}$ 倍。该餐馆准备了多少芝士蛋糕？

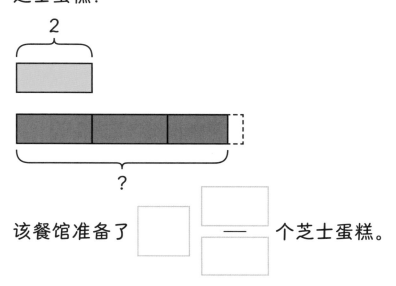

该餐馆准备了 ☐ —— 个芝士蛋糕。

2 萨姆浇前花园用了3升水。浇后花园用的水是浇前花园的 $5\frac{5}{8}$ 倍。

(1) 萨姆浇后花园用了多少升水？

萨姆浇后花园用了 ☐ —— 升水。

(2) 他总共用了多少水？

他总共用了 ☐ —— 升水。

小数的排序和比较大小

准备

以下颜料将会用来混合成一种颜料。

1.3升

1.24升

1.301升

我们该如何比较不同颜料的升数呢？

举例

我们可以用位置卡片来表示这几个数。

1.3　＝ **1** 0.1 0.1 0.1

1.24 ＝ **1** 0.1 0.1 0.01 0.01 0.01 0.01

1.301 ＝ **1** 0.1 0.1 0.1 0.001

1.2要小于1.3。所以我们不用再看十分位之后的数字就能知道谁小了。

1.24升 ＜ 1.3升
1.24升 ＜ 1.301升
1.24 是最小颜料升数。

1.3和1.301的个位和十分位数字相同。

1.301要比1.3大 $\dfrac{1}{1000}$。

1.3 升 ＜ 1.301 升

我们按从小到大的顺序排列这些升数。

1.24升　　　1.3升　　　1.301升
最小　　⟶　　最大

练 习

1 用＞、＜或者＝来填空。

(1) 3.44 ☐ 3.05

(2) 4.99 ☐ 5.01

(3) 2.564 ☐ 2.645

(4) 34.014 ☐ 34.01

(5) 5.679 ☐ 5.08

(6) 6.1 ☐ 6.099

2 按从小到大给下列各数排序。

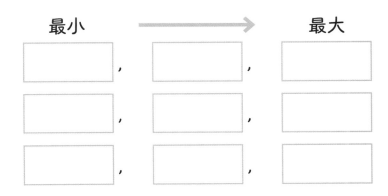

最小　　⟶　　最大

☐ ， ☐ ， ☐

☐ ， ☐ ， ☐

☐ ， ☐ ， ☐

(1) 3.4, 3.5, 3.42

(2) 9.08, 9.131, 9.12

(3) 13.021, 13.101, 13.001

3 按从大到小给下列重量排序。

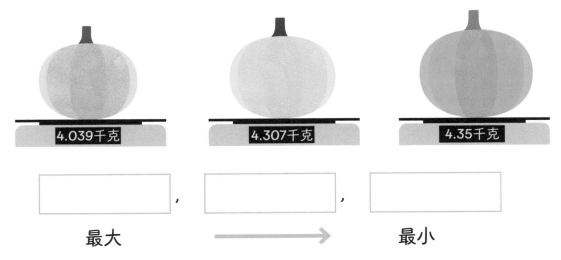

4.039千克　　4.307千克　　4.35千克

☐ ， ☐ ， ☐

最大　　⟶　　最小

小数加减法

准备

周一，拉维的冰箱里有1.25升橙汁和1.155升苹果汁。周三的时候拉维喝了1.5升果汁。那么冰箱里总共还剩下多少果汁？

举例

算出拉维周一总共有多少果汁。

先加千分位。

1.25 = 1.250

1	0.1 0.1	0.01 0.01 0.01 0.01 0.01	
1	0.1	0.01 0.01 0.01 0.01 0.01	0.001 0.001 0.001 0.001 0.001

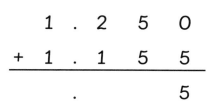

$$
\begin{array}{r}
1.2\,5\,0 \\
+\ 1.1\,5\,5 \\
\hline
.\quad\ \ 5
\end{array}
$$

加百分位

5个0.01＋5个0.01＝10个0.01

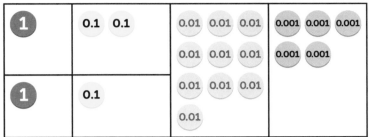

10个0.01看作0.1。

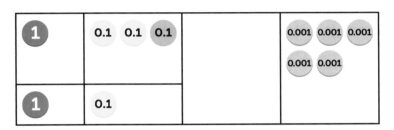

10个0.01 ＝ 0.1

```
  1 . ¹2  5  0
+ 1 . 1  5  5
      .    0  5
```

十分位相加

```
  1 . ¹2  5  0
+ 1 . 1  5  5
      .  4  0  5
```

个位相加

```
  1 . ¹2  5  0
+ 1 . 1  5  5
  2 . 4  0  5
```

拉维周一总共有2.405升果汁。

把2.405升减去1.5升来算出还剩下多少果汁。

百分位和千分位没有数可以减。

$$
\begin{array}{r}
2\ .\ 4\quad 0\quad 5 \\
-\ 1\ .\ 5 \\
\hline
0\quad 5
\end{array}
$$

十分位不够减

向个位借1，看作10个0.1。

$$
\begin{array}{r}
2\ .\ 4\quad 0\quad 5 \\
-\ 1\ .\ 5 \\
\hline
.\quad 0\quad 5
\end{array}
$$

$$
\begin{array}{r}
{}^{1}\cancel{2}\ .\ {}^{14}\cancel{4}\quad 0\quad 5 \\
-\ 1\ .\ 5 \\
\hline
.\quad 9\quad 0\quad 5
\end{array}
$$

个位相减

$$
\begin{array}{r}
{}^{1}\cancel{2}\ .\ {}^{14}\cancel{4}\quad 0\quad 5 \\
-\ 1\ .\ 5 \\
\hline
0\ .\ 9\quad 0\quad 5
\end{array}
$$

拉维的冰箱里还有0.905升果汁。

我们用0表示没有整数。

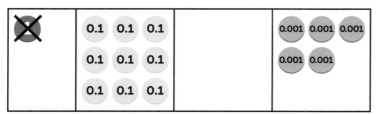

1 汉娜把2.34千克泥土和2.155千克鹅卵石做成盆栽土。她用了1.7千克的盆栽土来种盆栽。

(1) 计算盆栽土的总重量。

2.34千克 + 2.155千克 = [　　] 千克

盆栽土的总重量是 [　　] 千克。

(2) 汉娜用掉了1.7千克后，盆栽土还剩下多少？

[　　] 千克 − 1.7千克 = [　　] 千克

还剩下 [　　] 千克的盆栽土。

2 鲁比和她的姐姐在做手链。鲁比从一根9米长的线上剪下4.6米给她姐姐。随后鲁比又买了5.55米的线，她现有几米的线？

鲁比现有 [　　] 米的线。

百分数

准备

右表是各球队在一个赛季内的进球数量。我们要怎么计算各支球队进球数占所有球队进球总数的百分比呢？

球队	进球数
格瑞斯通豪杰队	30
希尔斯联合队	75
普利茅斯海盗队	18
沃特赛德联合队	60
汤布瑞吉老虎队	57
布莱顿老板队	39
东岸飞人队	21
所有队伍	**300**

举例

百分比表示一百分之多少。

表格显示了总进球数是300，以及各队进了多少球。

格瑞斯通豪杰队进了300球里的30球。

我们要算出这相当于一百分之多少。

$$\frac{30}{300} = \frac{10}{100}$$

÷3 （上）
÷3 （下）

$$\frac{10}{100} = 10\%$$

格瑞斯通豪杰队该赛季进球数占所有球队进球总数的10%。

希尔斯联合队进球占比多少呢?

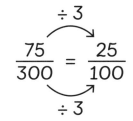

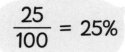

$$\frac{75}{300} = \frac{25}{100}$$

$$\frac{25}{100} = 25\%$$

练习

1 下表是各球队的进球数和所占总进球数的百分比。总进球数为300。完成表格。

球队	进球数	所占总进球数的百分比
格瑞斯通豪杰队	30	10%
希尔斯联合队	75	25%
普利茅斯海盗队	18	
沃特赛德联合队	60	
汤布瑞吉老虎队	57	
布莱顿老板队	39	
东岸飞人队	21	

2 四个小朋友一起玩卡牌游戏。下表是各小朋友能得到的最大分数和已得分数。

名字	最大得分数	已得分数	已得分数占最大得分数的百分比
查尔斯	40	10	
霍莉	25	15	
拉维	30	18	
露露	70	49	

折线图

准 备

右图是一辆公交车在一段时间内的行驶距离坐标图。我们可以怎么描述公交的行驶情况呢？

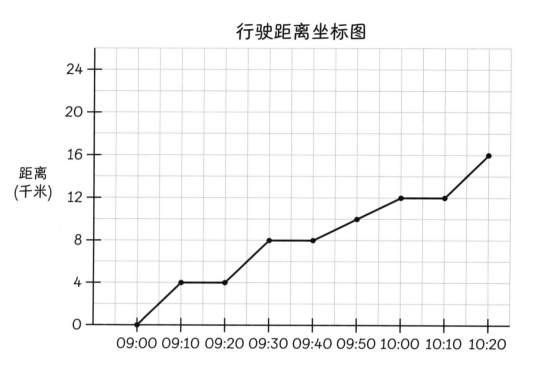

行驶距离坐标图

举 例

公交车以4千米每10分钟的速度行驶了多长时间呢？

我们从图中可以看到公交车以4千米每10分钟的速度行驶了30分钟。

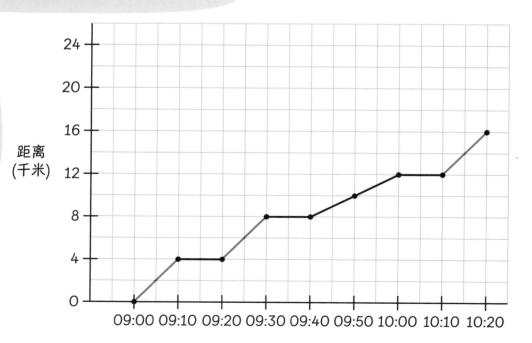

公交车停了几次？

公交车停了3次。

公交车一共停了30分钟。

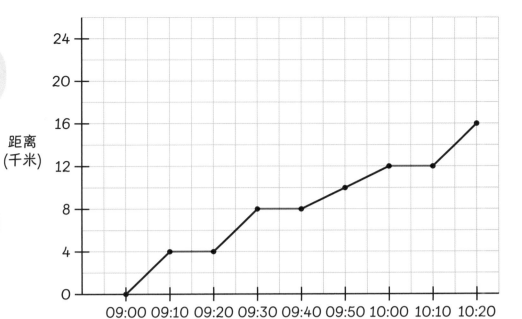

在某一时间段公交车慢下来了，是哪个时间段呢？

在09:40和10:00的时候，公交车的行驶速度是2千米每10分钟。

这比其他时候都要慢。

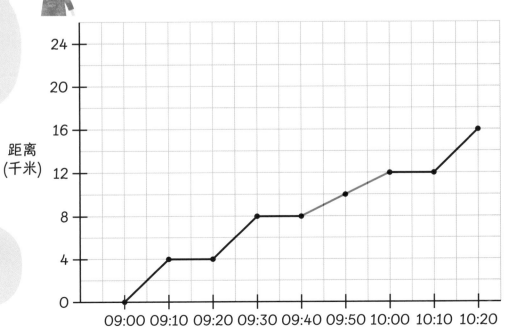

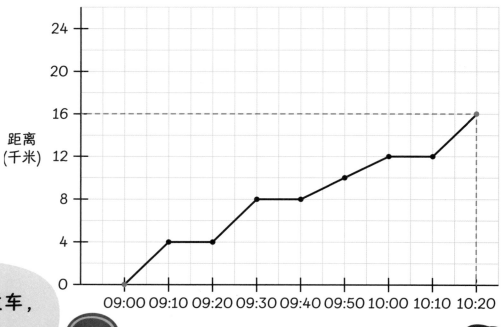

我们还能看到公交车行驶的起始和结束时间以及总行驶距离。

公交车09:00发车，10:20到达终点。

公交车行驶了16千米。

练 习

1 右侧的折线图展示了霍莉上周日的阅读进度。

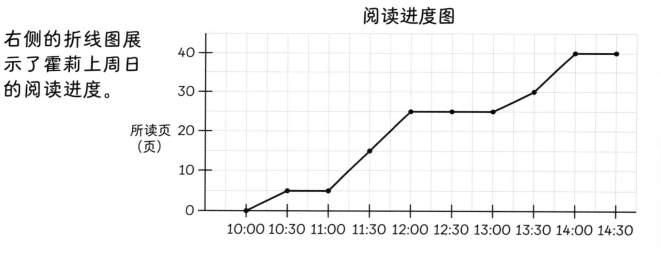

阅读进度图

(1) 霍莉几点开始阅读的？

(2) 霍莉在吃午饭之前阅读了60分钟。霍莉几点继续读书的？

(3) 霍莉和她的家人在12:00吃午饭。午饭结束后，霍莉继续读书。

她几点吃完午饭的？

(4) 霍莉按照13:00到13:30这个时间段的阅读速度，读50页需要多久？

　　　　[　　　]小时

(5) 在10:30到13:30这个时间段内，霍莉总共阅读了多久？　　[　　　]小时

❷ 露露和她妈妈为花园围栏刷油漆。下面的折线图展示的是她们4小时内的油漆使用情况变化。

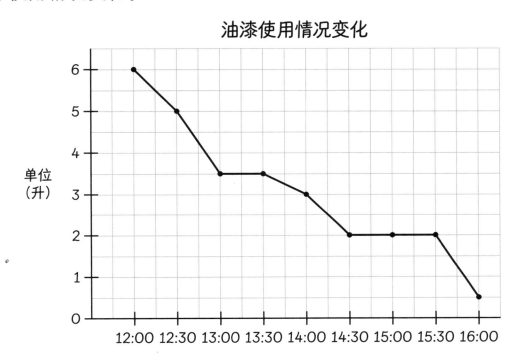

油漆使用情况变化

(1) 露露12:30开始帮她妈妈刷油漆。12:30到13:00的油漆使用量比12:00到12:30多了多少？　　[　　　]升

(2) 露露在13:00到14:00期间独自刷漆。她独自刷漆期间的油漆消耗速度是[　　　]升每30分钟。

(3) 从12:00开始算起，用完4升油漆花了[　　　]小时。

(4) 露露和她妈妈去吃午饭，所以刷油漆暂停了1小时。吃完午饭后。她们几点开始继续刷油漆的？　　[　　　]

容积

准 备

拉维想计算这个大箱子的容积。

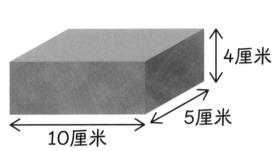

大箱子的长是小箱子的两倍。

大箱子的高是小箱子的两倍。

大箱子的容积是多少？

举 例

算出小箱子的
容积。

我们可以用小正方体
来测量箱子的容积。

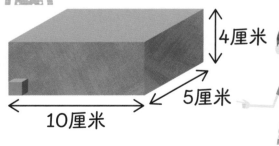

每个 等于1立方
厘米。

每层能摆下50个 ▉ 。

$10 × 5 × 4 = 50 × 4$

$= 200$

小箱子的容积是200立方厘米。

计算大箱子的容积

如果长度翻一倍，那么容积也翻一倍。

8厘米

5厘米

20厘米

如果长和高都翻倍，那么容积翻两倍。

$20 × 5 × 8 = 100 × 8$
$\qquad\quad = 800$

大箱子的容积是800立方厘米。

练习

计算下方各箱子的容积。

1

3厘米
4厘米
5厘米

☐ × ☐ × ☐ = ☐ × ☐

= ☐

容积 = ☐ 立方厘米

2

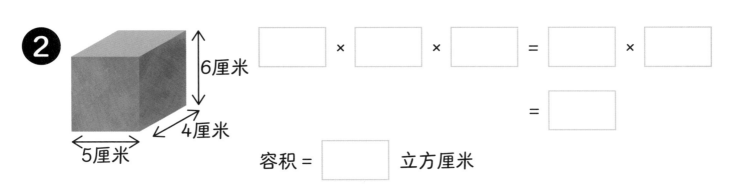

6厘米
4厘米
5厘米

☐ × ☐ × ☐ = ☐ × ☐

= ☐

容积 = ☐ 立方厘米

6、7、9 做乘数

准 备

雅各布用两个长方形拼出了这个图形。两个长方形大小完全相等。

雅各布所拼图形的周长是多少？

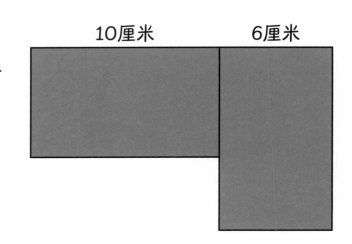

10厘米　　6厘米

举 例

我可以把我知道的边长都标出来。

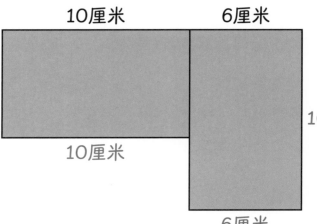

10厘米　　6厘米

6厘米

10厘米

10厘米

6厘米

我需要通过已知边长来计算未知边长。

$10 - 6 = 4$

$3 \times 10 = 30$

$3 \times 6 = 18$

$30 + 18 + 4 = 52$

周长是52厘米。

10厘米　　6厘米

6厘米

10厘米

10厘米

4厘米

6厘米

1 计算该图形的周长。该图形是由5个同样大小的正方形拼成的。

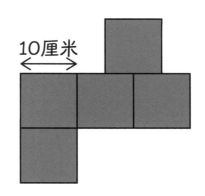

10厘米

周长 = ☐ 厘米

2 下列图形是由多个规则多边形拼接而成的。
规则多边形的边长都相等。
计算各图形的周长。

(1)

4厘米

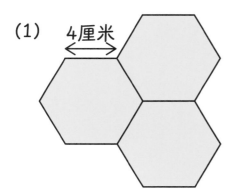

周长 = ☐ 厘米

(2)

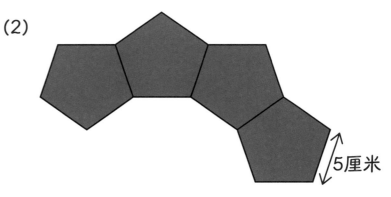

5厘米

周长 = ☐ 厘米

(3)

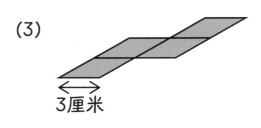

3厘米

周长 = ☐ 厘米

(4)

2厘米

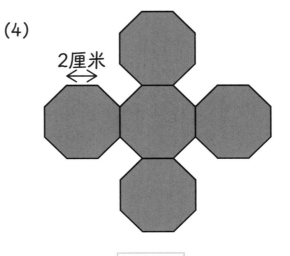

周长 = ☐ 厘米

面积

准备

汉娜需要算出她的花园面积以便买适当数量的草来种。汉娜应该怎么计算这个花园的面积呢？

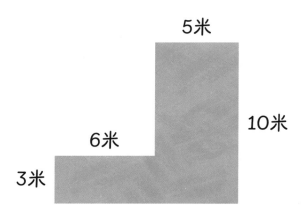

举例

我们可以分出两个长方形来。

计算每个长方形的面积。

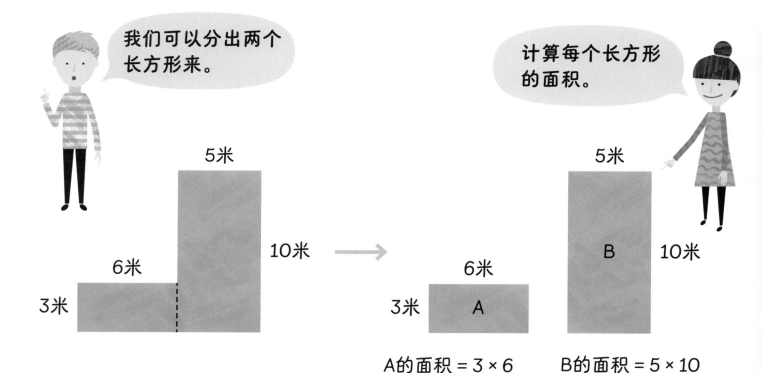

A的面积 = 3 × 6
= 18

B的面积 = 5 × 10
= 50

A和B的总面积 = 18 + 50
= 68

汉娜花园的面积是68平方米。

计算各花园的面积。

1

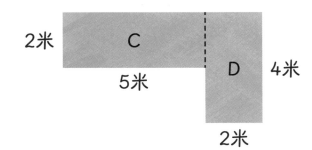

C的面积 = ☐ × ☐

= ☐ 平方米

D的面积 = ☐ × ☐

= ☐ 平方米

☐ 平方米 + ☐ 平方米 = ☐ 平方米

面积 = ☐ 平方米

2

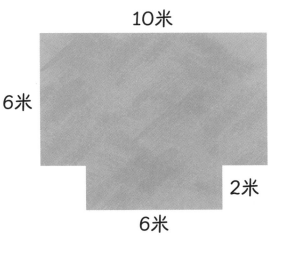

3

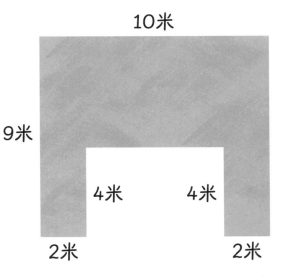

面积 = ☐ 平方米

面积 = ☐ 平方米

角

准 备

鲁比用2个一模一样的长方形画了一栋建筑。

她得出了其中1个角度，但是她想知道∠A的角度。

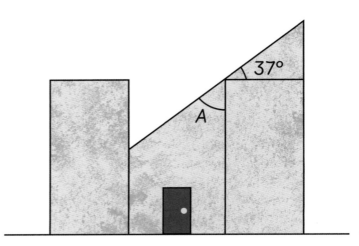

鲁比应该如何计算该角度呢？

举 例

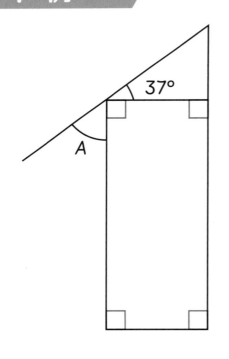

一个长方形有4个直角。

长方形的4个内角之和为360°。

$$90° + 90° + 90° + 90° = 360°$$

40

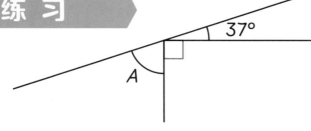

共处同一条直线上的所有角的角度之和是180°。

$A + 90° + 37° = 180°$

$A = 180° - 127°$

$A = 53°$

$53° + 90° + 37° = 180°$

$\angle A = 53°$

$90° + 37° = 127°$

计算$\angle M$和$\angle N$的大小。

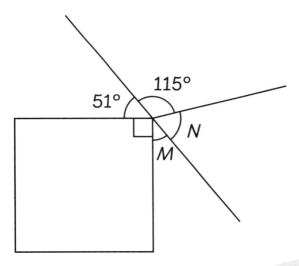

115°

51°

N

M

先算$\angle M$的大小。

$51° + 90° = 141°$

$180° - 141° = 39°$

$\angle M = 39°$

51°、90°和$\angle M$都在同一条直线上。

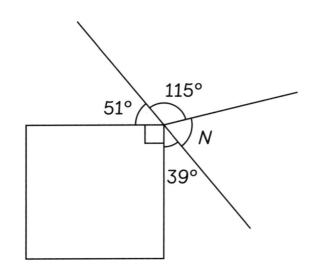

顶点在同一个点上的所有角的角度之和是360°。

$51° + 90° + 39° + 115° = 295°$

$360° - 295° = 65°$

$\angle N = 65°$ 还有一种更简便的方法，你看出来了吗？

举 例

计算下列各角的角度。

1

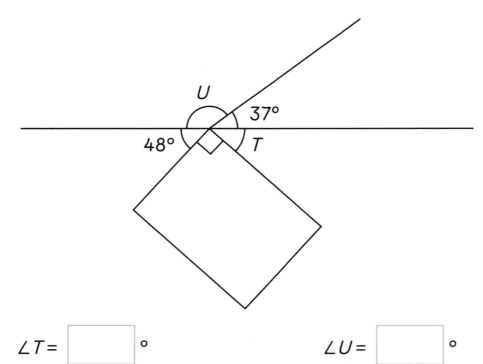

$\angle T = \boxed{}$ °　　　　　　$\angle U = \boxed{}$ °

❷

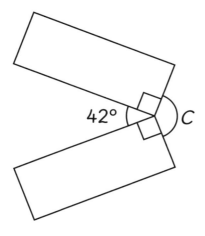

42°

C

∠C = ☐ °

❸

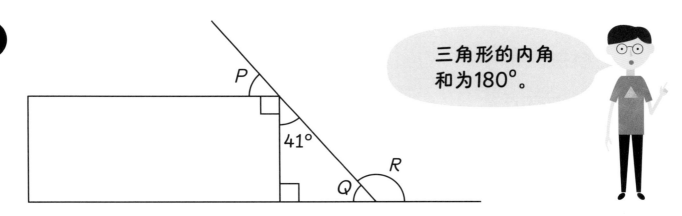

三角形的内角和为180°。

∠P = ☐ °　　　　∠Q = ☐ °　　　　∠R = ☐ °

图形的位置

准 备

三角形*CDE*经过两次翻折后的位置如右图所示。

三角形*CDE*是如何翻折的呢?

三角形*CDE*经过两次翻折后的坐标是什么?

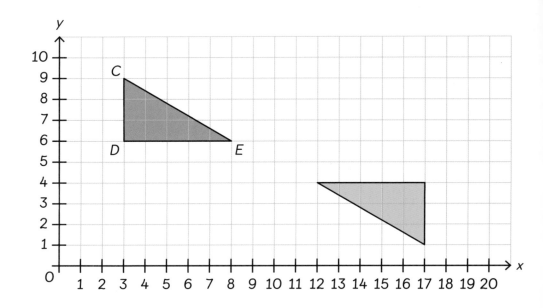

举 例

第一次沿着虚线*HI*向下翻折。

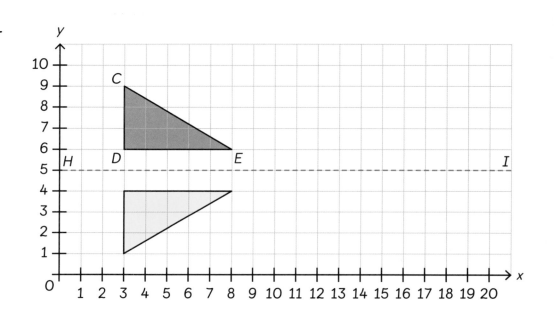

第二次沿着虚线JK向右翻折。

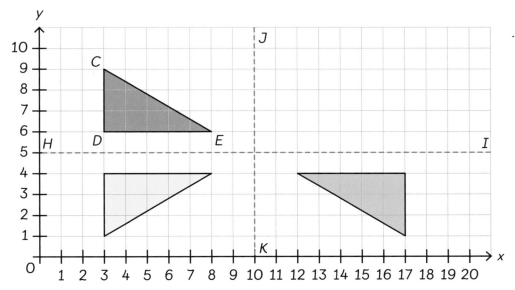

C从（3，9）翻折到了（17，1）。

D从（3，6）翻折到了（17，4）。

E从（8，6）翻折到了（12，4）。

我们找到了三角形CDE经过两次翻折后的坐标位置。

练 习

把梯形JKLM先沿虚线CD翻折，再沿虚线EF翻折。画出经过两次翻折后的梯形JKLM，并写出各对应点的坐标。

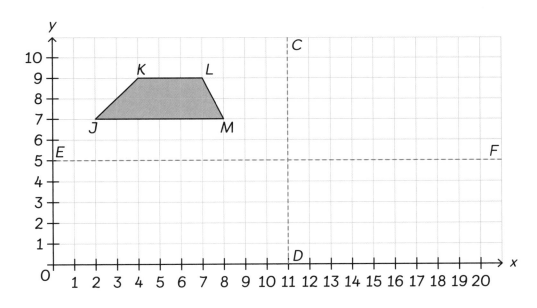

J 从（ ___ ， ___ ）翻折到了（ ___ ， ___ ）。

K 从（ ___ ， ___ ）翻折到了（ ___ ， ___ ）。

L 从（ ___ ， ___ ）翻折到了（ ___ ， ___ ）。

M 从（ ___ ， ___ ）翻折到了（ ___ ， ___ ）。

参考答案

第 5 页　　**1 (1)** 502 348　**(2)** 497 532　**(3)** 473 210　**(4)** 512 799

　　　　　　2 (1) 223 357　**(2)** 352 237　**(3)** 522 337

第 7 页
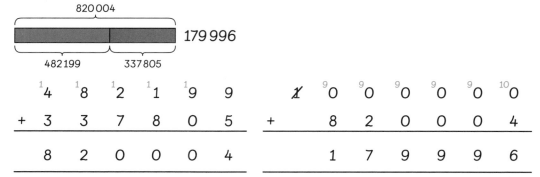

$$
\begin{array}{r}
{}^1 4\ {}^1 8\ {}^1 2\ {}^1 1\ 9\ 9 \\
+\ \ 3\ 3\ 7\ 8\ 0\ 5 \\
\hline
8\ 2\ 0\ 0\ 0\ 4
\end{array}
\qquad
\begin{array}{r}
\cancel{1}\ {}^9 0\ {}^9 0\ {}^9 0\ {}^9 0\ {}^{10} 0 \\
+\quad\ \ 8\ 2\ 0\ 0\ 0\ 4 \\
\hline
1\ 7\ 9\ 9\ 9\ 6
\end{array}
$$

第 9 页　　**1 (1)** 72　**(2)** 面包师还可以每12个、4个或者3个装一盒且不会有剩余。

第 11 页　　**1**

合数	质数
32, 14, 63, 15, 148, 117, 105, 144	29, 43, 101

　　　　　　2 72, 74, 75, 76, 77, 78, 80, 81, 82, 84, 85, 86, 87, 88, 90, 91, 92, 93, 94, 95, 96, 98, 99

第 13 页　　**1**　　　　　　　　　　　　　　　　　　　　　计算结果相同

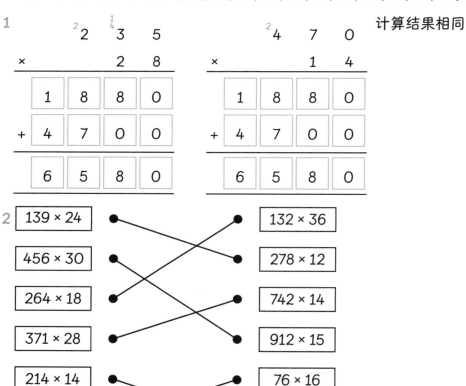

第 15 页   1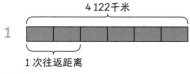

$$6\,)\overline{\begin{array}{cccc} & 6 & 8 & 7 \\ 4 & 1 & 2 & 2 \end{array}}$$

687

2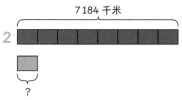

898

$$8\,)\overline{\begin{array}{cccc} & 8 & 9 & 8 \\ 7 & 1 & 8^{7} & 4^{6} \end{array}}$$

第 17 页   1 $\frac{1}{2} + \frac{1}{8} = \frac{4}{8} + \frac{1}{8} = \frac{5}{8}$；$\frac{5}{8} - \frac{1}{4} = \frac{5}{8} - \frac{2}{8} = \frac{3}{8}$。拉维还剩 $\frac{3}{8}$ 升淡绿色颜料。

2 $\frac{3}{4} + \frac{1}{12} = \frac{9}{12} + \frac{1}{12} = \frac{10}{12}$；$\frac{10}{12} - \frac{1}{3} = \frac{10}{12} - \frac{4}{12} = \frac{6}{12} = \frac{1}{2}$。鲁比留下了 $\frac{1}{2}$ 升混合饮料。

第 19 页   1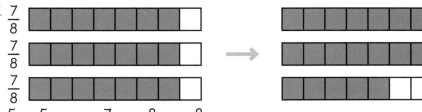

$2\frac{5}{8}$ $2\frac{5}{8}$ 2 $4 \times \frac{7}{10} = 2\frac{8}{10}$ $2\frac{8}{10}$

第 21 页   1 $2 \times 2 = 4$；$2 \times \frac{4}{5} = \frac{8}{5} = 1\frac{3}{5}$；$4 + 1\frac{3}{5} = 5\frac{3}{5}$ 该餐馆准备了 $5\frac{3}{5}$ 个芝士蛋糕。

2 (1) $3 \times 5\frac{5}{8} = 15\frac{15}{8} = 16\frac{7}{8}$ 萨姆浇后花园用了 $16\frac{7}{8}$ 升水。

(2) $3 + 16\frac{7}{8} = 19\frac{7}{8}$ 他总共用了 $19\frac{7}{8}$。

第 23 页   1 (1) 3.44 > 3.05 (2) 4.99 < 5.01 (3) 2.564 < 2.645 (4) 34.014 > 34.01 (5) 5.679 > 5.08
(6) 6.1 > 6.099 2 (1) 3.4, 3.42, 3.5 (2) 9.08, 9.12, 9.131 (3) 13.001, 13.021, 13.101
3 4.35千克, 4.307千克, 4.039千克

第 27 页   1 (1) 2.34千克 + 2.155千克 = 4.495千克 4.495
(2) 4.495千克 − 1.7千克 = 2.795千克 2.795
2 9.95米

队伍	进球数	所占总进球数的百分比
格瑞斯通豪杰队	30	10%
希尔斯联合队	75	25%
普利茅斯海盗队	18	6%
沃特赛德联合队	60	20%
汤布瑞吉老虎队	57	19%
布莱顿老板队	39	13%
东岸飞人队	21	7%

2

名字	最大得分数	已得分数	已得分数占最大得分数的百分比
查尔斯	40	10	25%
霍莉	25	15	60%
拉维	30	18	60%
露露	70	49	70%

第 32 页　1 **(1)** 10:00 **(2)** 11:00 **(3)** 13:00

第 33 页　**(4)** 5小时 **(5)** 1.5小时 2 **(1)** 0.5升 **(2)** 0.5升。

　　　　(3) 4小时 **(4)** 15:30

第 35 页　1 5 × 4 × 3 = 20 × 3 = 60，60立方厘米　2 5 × 4 × 6 = 20 × 6 = 120，120立方厘米

第 37 页　1 120厘米　2 **(1)** 48厘米 **(2)** 70厘米 **(3)** 30厘米 **(4)** 64平方厘米

第 39 页　1 2 × 5 = 10平方米；2 × 4 = 8平方米；10平方米 + 8平方米 = 18平方米；18平方米

　　　　2 72平方米　3 66平方米

第 42 页　1 ∠T = 42°，∠U = 143°

第 43 页　2 ∠C = 138° 3 ∠P = 49°，∠Q = 49°，∠R = 131°

第 45 页

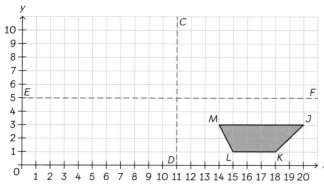

J 从 (2, 7) 翻折到了(20, 3)。 K 从 (4, 9) 翻折到了 (18, 1)。 L 从 (7, 9) 翻折到了 (15, 1)。 M 从 (8, 7) 翻折到了 (14, 3)。